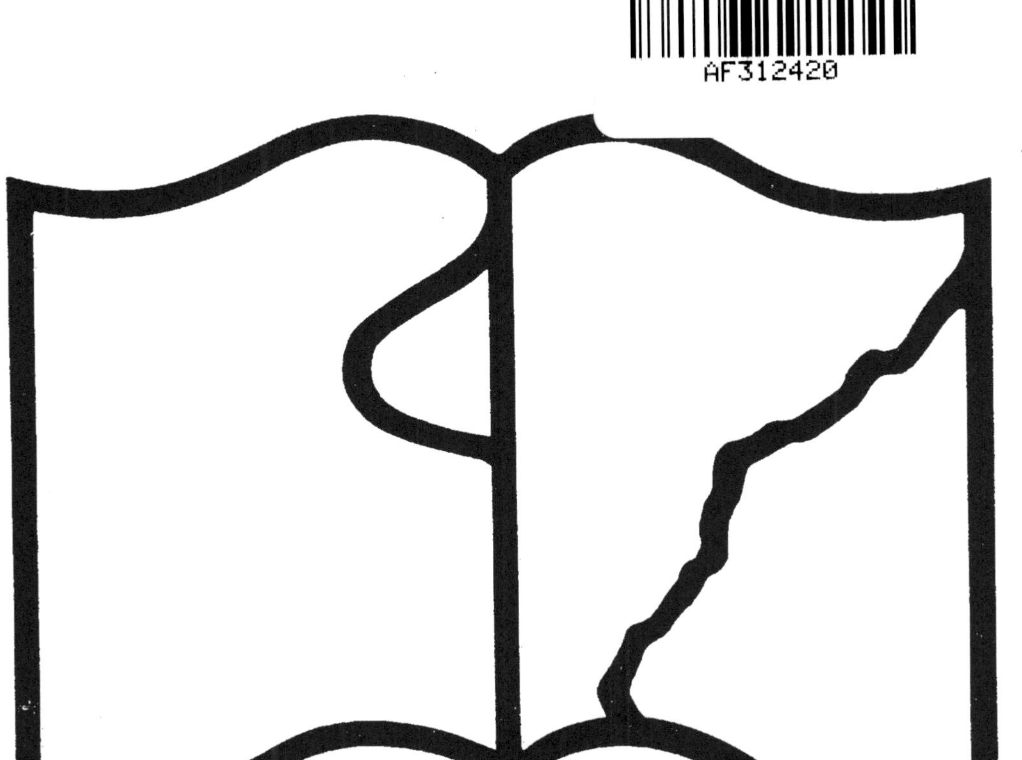

Texte détérioré — reliure défectueuse

NF Z 43-120-11

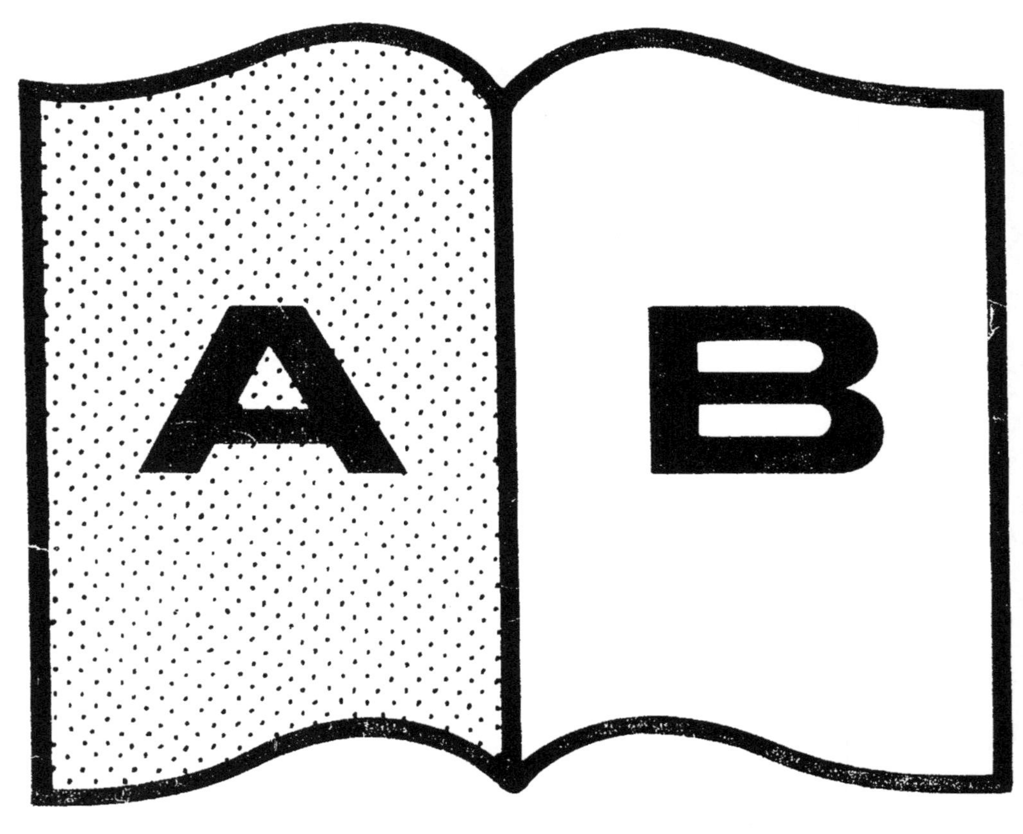

Contraste insuffisant

NF Z 43-120-14

HYDRAULIQUE AGRICOLE

APPLICATIONS.

DES

CANAUX D'IRRIGATION

DE

L'ITALIE SEPTENTRIONALE

ATLAS.

Paris. — Imprimé par E. Thunot et Cⁱᵉ, 26, rue Racine.

HYDRAULIQUE AGRICOLE

(APPLICATIONS.)

DES

CANAUX D'IRRIGATION

DE

L'ITALIE SEPTENTRIONALE

ENVISAGÉS

SOUS LES DIVERS POINTS DE VUE DE LA SCIENCE HYDRAULIQUE

DE LA PRODUCTION AGRICOLE ET DE LA LÉGISLATION

PAR

NADAULT DE BUFFON

INGÉNIEUR EN CHEF DES PONTS ET CHAUSSÉES,

Professeur d'hydraulique agricole à l'École impériale des ponts et chaussées, ancien Chef de division au Ministère de l'agriculture,
du commerce et des travaux publics;
Associé étranger de l'Académie royale des sciences de Turin, etc.

𝕬𝖙𝖑𝖆𝖘

PARIS.

DUNOD, ÉDITEUR,

SUCCESSEUR DE V^{or} DALMONT,

PRÉCÉDEMMENT CARILIAN-GŒURY ET V^{or} DALMONT,

LIBRAIRE DES CORPS IMPÉRIAUX DES PONTS ET CHAUSSÉES ET DES MINES,

QUAI DES AUGUSTINS, N° 49.

1861

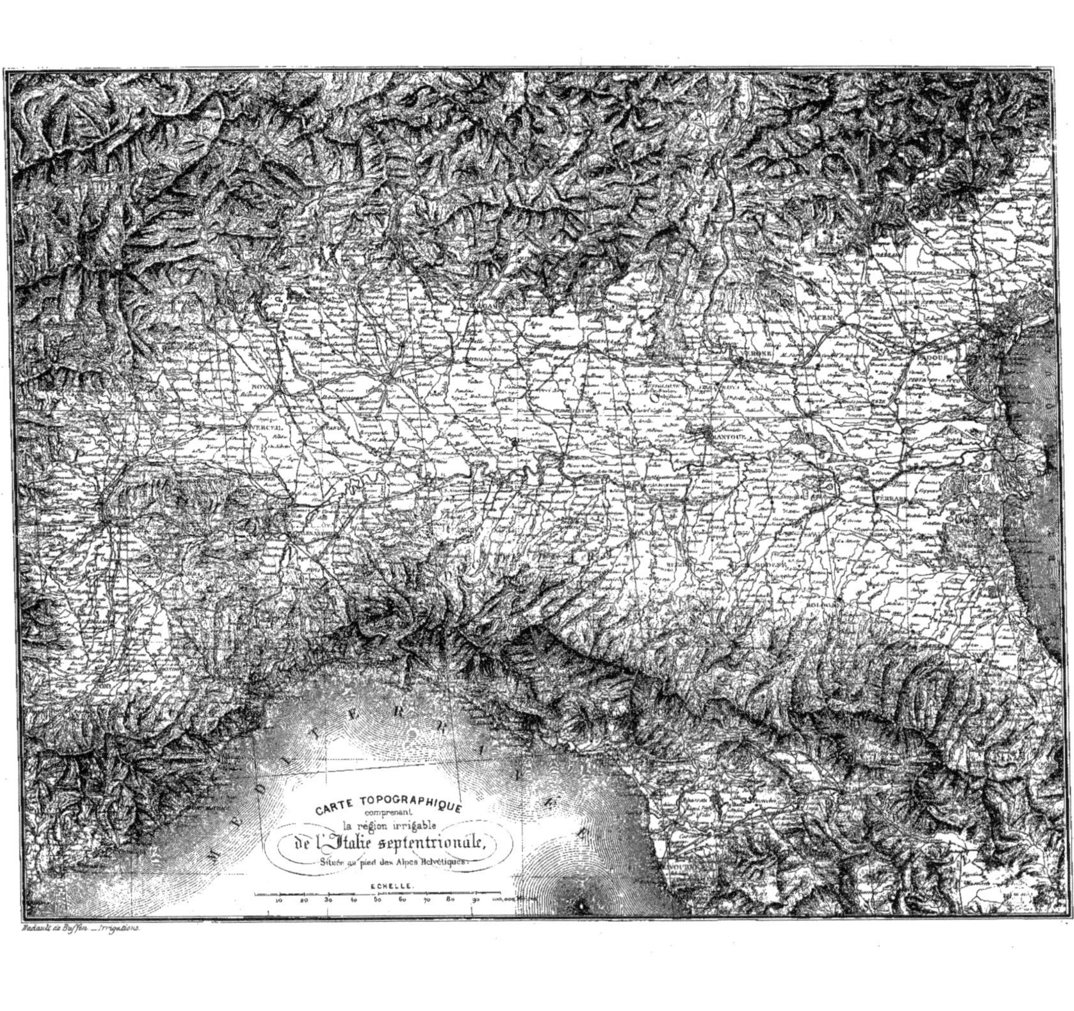

CARTE TOPOGRAPHIQUE
comprenant
la région irrigable
de l'Italie septentrionale,
Située au pied des Alpes Helvétiques.
ECHELLE.
MÉDITERRANÉE
Nedault de Buffon — Irrigations.

CARTE HYDROGRAPHIQUE
DE
Région des Alpes qui alimente le Tessin et l'Adda par l'intermédiaire des Lacs du Milanais.

Distribution des Eaux
dans l'intérieur de Milan.

Echelle du Plan du Milan de 0,"070 pour 100 mètre.

a. Ecluse de Piacenza.

Echelle de la Carte de 0,"018 pour 10000 mètr.

N°. La teinte verte indique les superficies occupées par les glaces et les neiges perpétuelles.

Réduit de Buffon.

Gravé par Adam et Lemaitre.

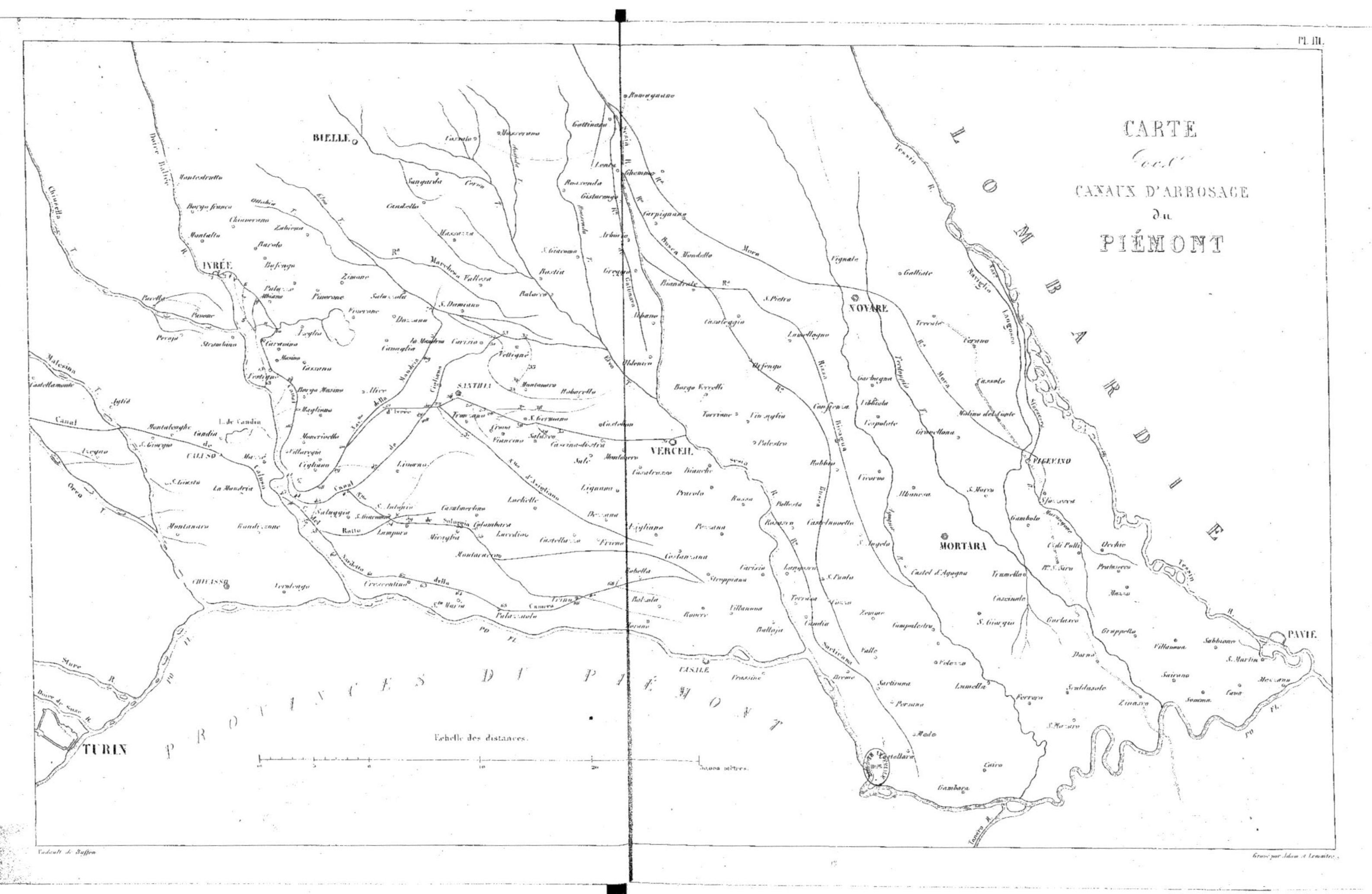

Pl. III.
CARTE des CANAUX D'ARROSAGE du PIÉMONT
LOMBARDIE
PROVINCES DI PIÉMONT
TURIN
BIELLE
IVRÉE
VERCEIL
NOVARE
MORTARA
PIGEVANO
PAVIE
CASALE
CHIVASSO
SANTHIA
Echelle des distances.
Réduit de Buffon.
Gravé par Adam et Lemaitre.

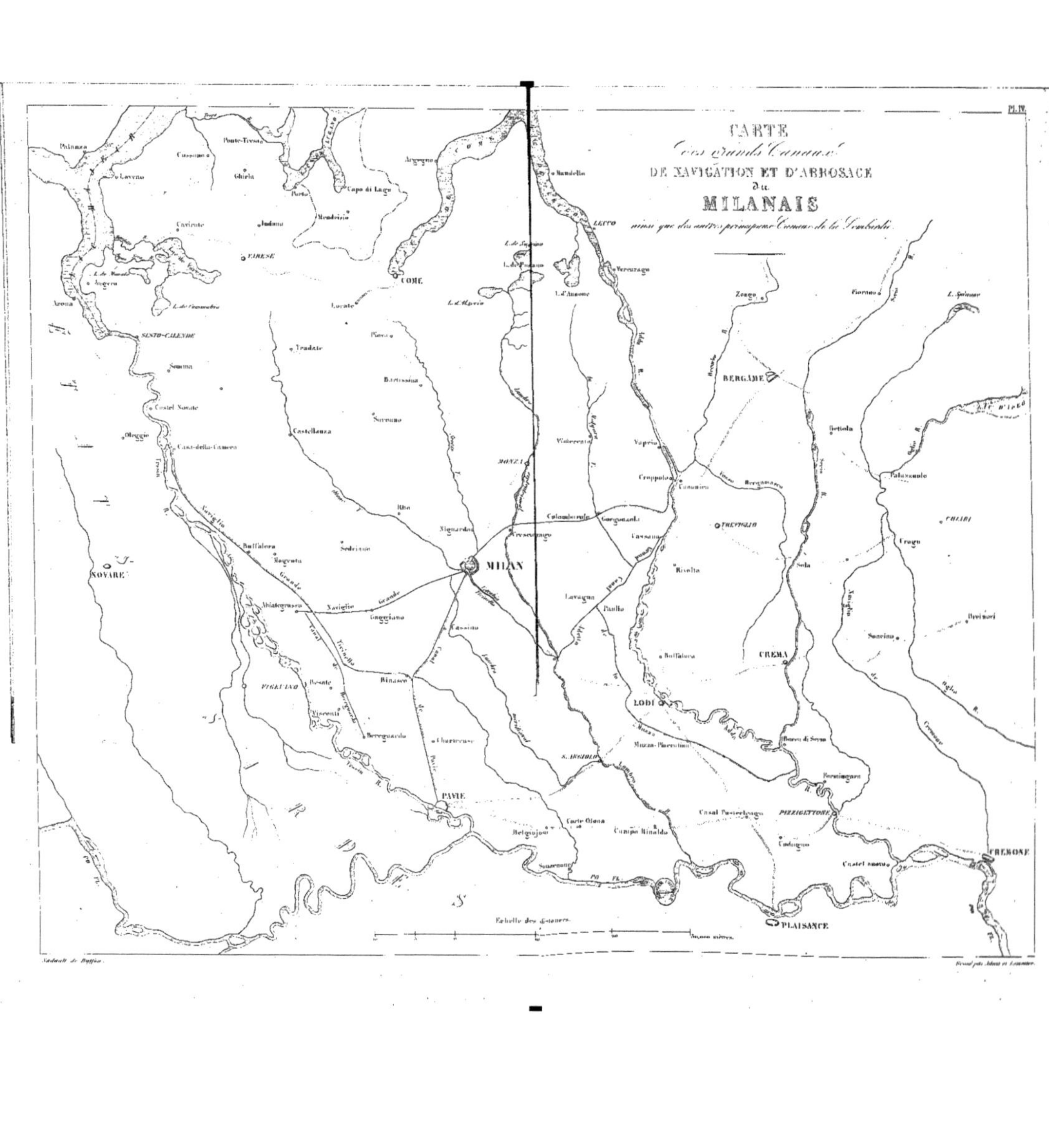

CARTE
des Grands Canaux
DE NAVIGATION ET D'ARROSAGE
du
MILANAIS
ainsi que des autres principaux Cours d'eau de la Lombardie
Pl. IV.
MILAN
COME
VARESE
NOVARE
MONZA
BERGAME
TREVIGLIO
CREMA
LODI
PAVIE
PIZZIGHETTONE
CREMONE
PLAISANCE
SESTO-CALENDE
Arona
Echelle des distances

EMBOUCHURES DES PRINCIPAUX CANAUX. 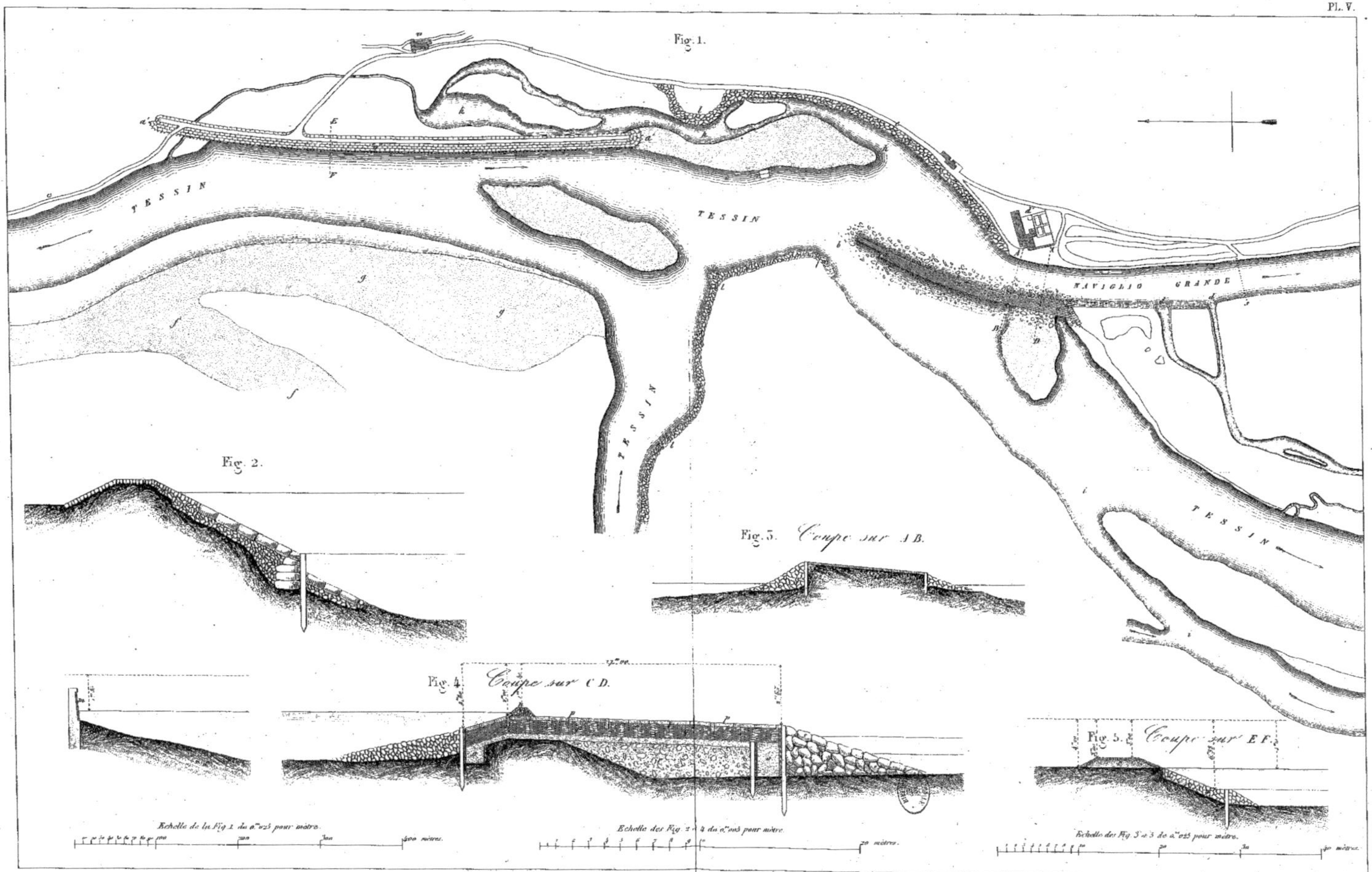
Pl. V.
Fig. 1.
TESSIN
TESSIN
TESSIN
TESSIN
NAVIGLIO GRANDE
Fig. 2.
Fig. 3. Coupe sur AB.
Fig. 4. Coupe sur CD.
Fig. 5. Coupe sur EF.
Echelle de la Fig 1 de 0.m025 pour mètre.
100 mètres.
200
300
400 mètres.
Echelle des Fig 2 à 4 de 0.m003 pour mètre.
10 mètres.
Echelle des Fig 3 et 5 de 0.m025 pour mètre.
10 mètres.
Radault de Buffon.
Gravé par Adam et Lemaître.

EMBOUCHURES DES PRINCIPAUX CANAUX — BARRAGES.
PL. VI.
Nº 1.
ADDA
RIV.
ADDA
RIV.
ADDA RIV.
Canal
Rhorto
Route
postale
de
Venise
Habitation
Ancienne route
R. Pandiavis
Cremosea
R. prov. de Lodi
R. Rivaltana
R. Rivolta
Canal de déchargeoir
Grand déchargeoir de la Muzza
de la Muzza
Canal de la Muzza
St Bernard
R. Coppe
Canal de Recharge
Echelle de 0,m002 pour mètre.
Nº 2.
Bateau porté pour barrage d'irrigation
Fig. 1. Élévation.
Fig. 2. Plan.
Fig. 3. Élévation d'une des prises d'eau.
Fig. 4. Coupe transversale du Bateau porté.
Section sur CD.
Fig. 5. Coupe longitudinale et Élévation du Bateau porté.
Echelle des Fig. 1, 2 et 3 de 0,m003 pour mètre.
Echelle des Fig. 4 et 5 de 0,m005 pour mètre.

EMBOUCHURES DES PRINCIPAUX CANAUX.

Fig. 1.

Fig. 2.

Fig. 3.

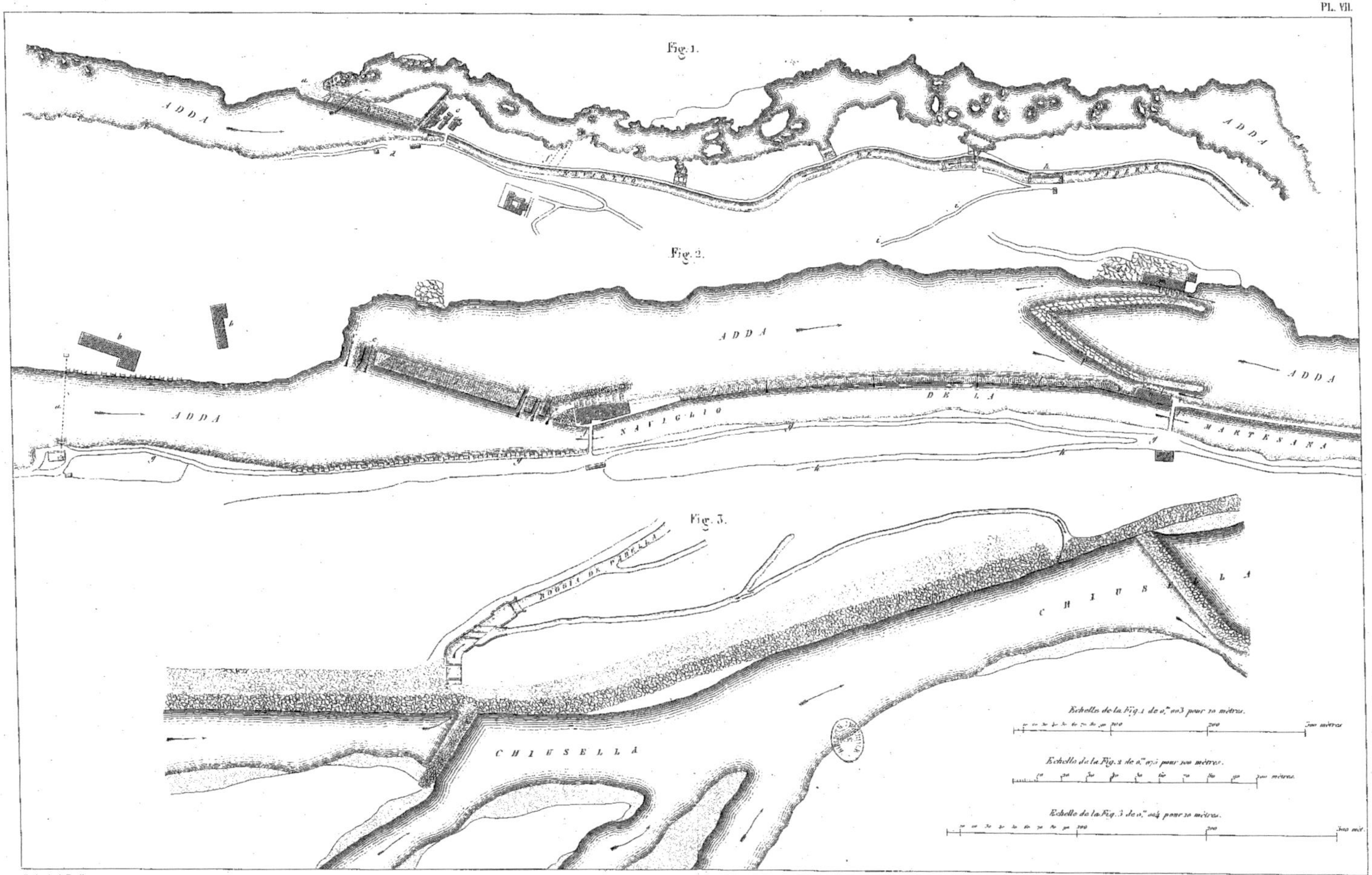

Radault de Buffon.

Gravé par Adam et Lemaitre.

PRISES D'EAU — DÉTAILS.

Pl. VIII.

Fig. 1.

Fig. 2.

Fig. 3.

Fig. 4.

Fig. 5.

Fig. 6.

Fig. 7.

Fig. 8.

Fig. 9.

Fig. 10.

Fig. 11.

Fig. 12.

Fig. 13.

Fig. 14.

Fig. 15.

Echelle des Fig. 1, 2, 3 et 4 de 0m,03 pour mètre.

Echelle de la Fig. 5 de 0m,01 pour mètre.

Echelle des Fig. 6, 7 et 8 de 0m,02 pour mètre.

Echelle des Fig. 9, 10 et 11 de 0m,005 pour mètre.

Echelle des Fig. 12, 14 et 15 de 0m,008 p. mètre.

Madault del. Baffin.

Gravé par Adam et Lemaître.

CANAL DE POZZUOLO.

Hadault de Buffon.   Dulos sc.

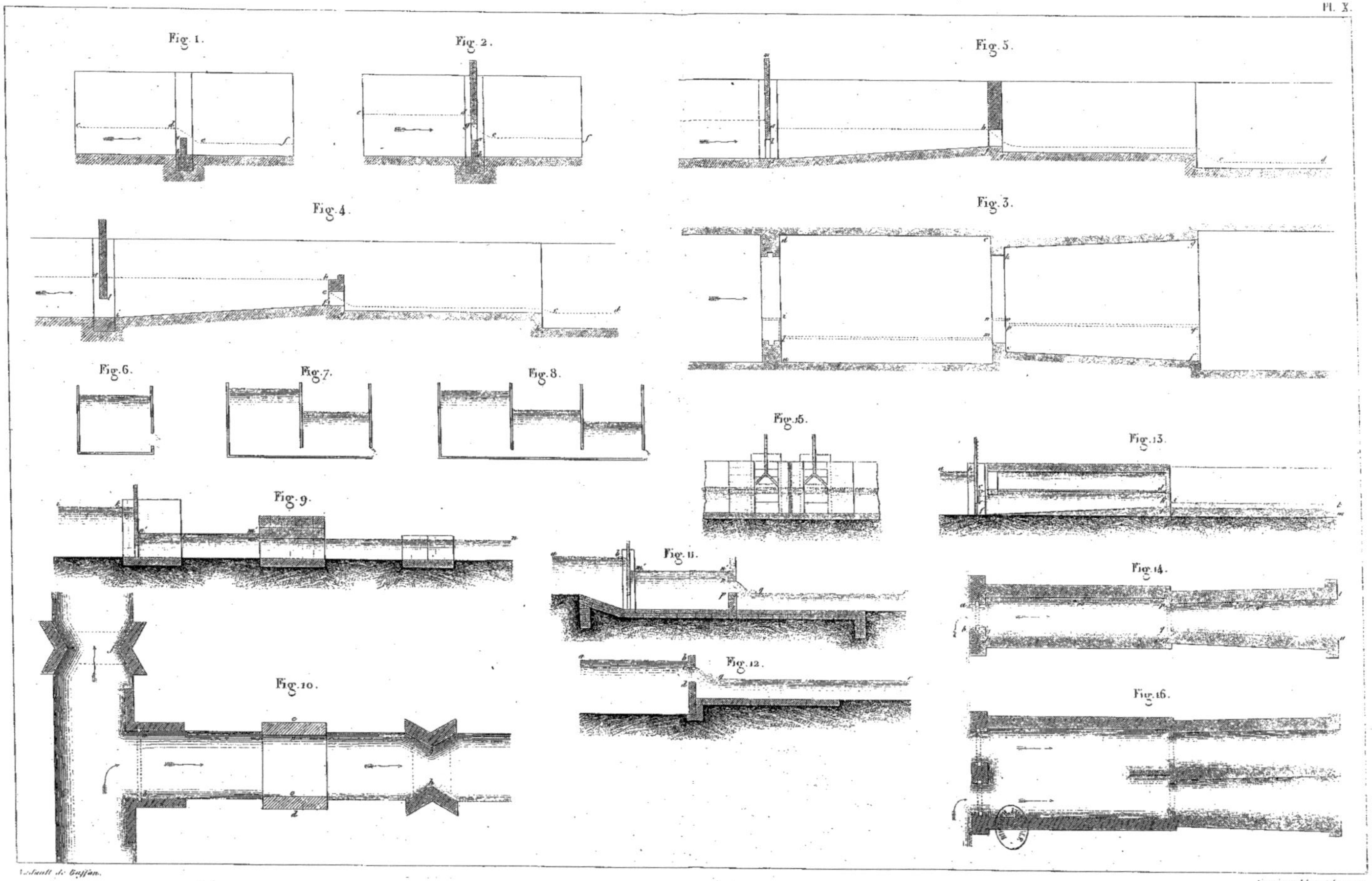

Fig. 1.

Fig. 2.

Fig. 5.

Fig. 4.

Fig. 3.

Fig. 6.

Fig. 7.

Fig. 8.

Fig. 15.

Fig. 13.

Fig. 9.

Fig. 11.

Fig. 14.

Fig. 10.

Fig. 12.

Fig. 16.

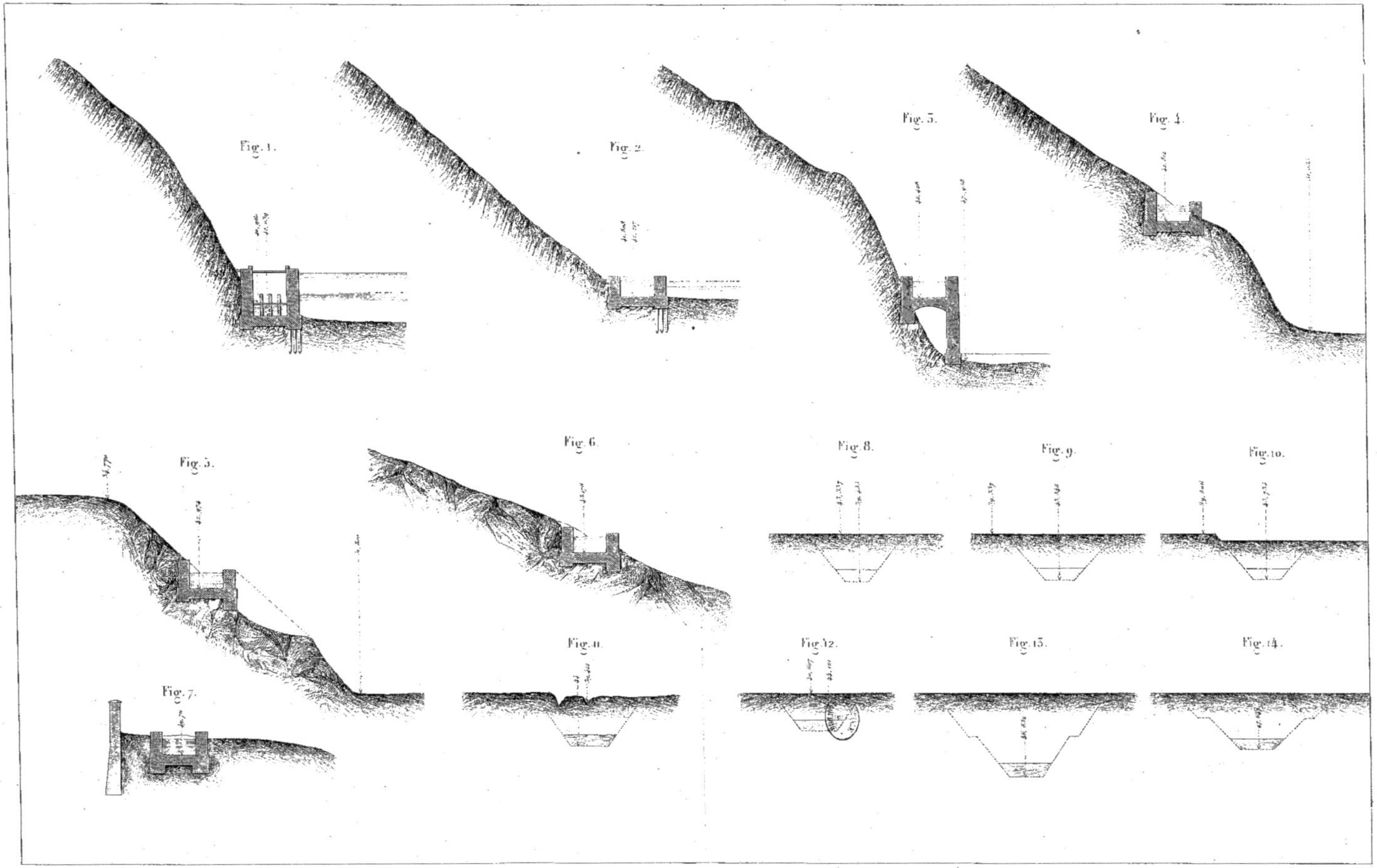
Fig. 1.
Fig. 2.
Fig. 3.
Fig. 4.
Fig. 5.
Fig. 6.
Fig. 7.
Fig. 8.
Fig. 9.
Fig. 10.
Fig. 11.
Fig. 12.
Fig. 13.
Fig. 14.

Nadault de Buffon

Gravé par Adam et Lemaître

TRACÉ ET ÉTABLISSEMENT DES CANAUX.

PL. XII.

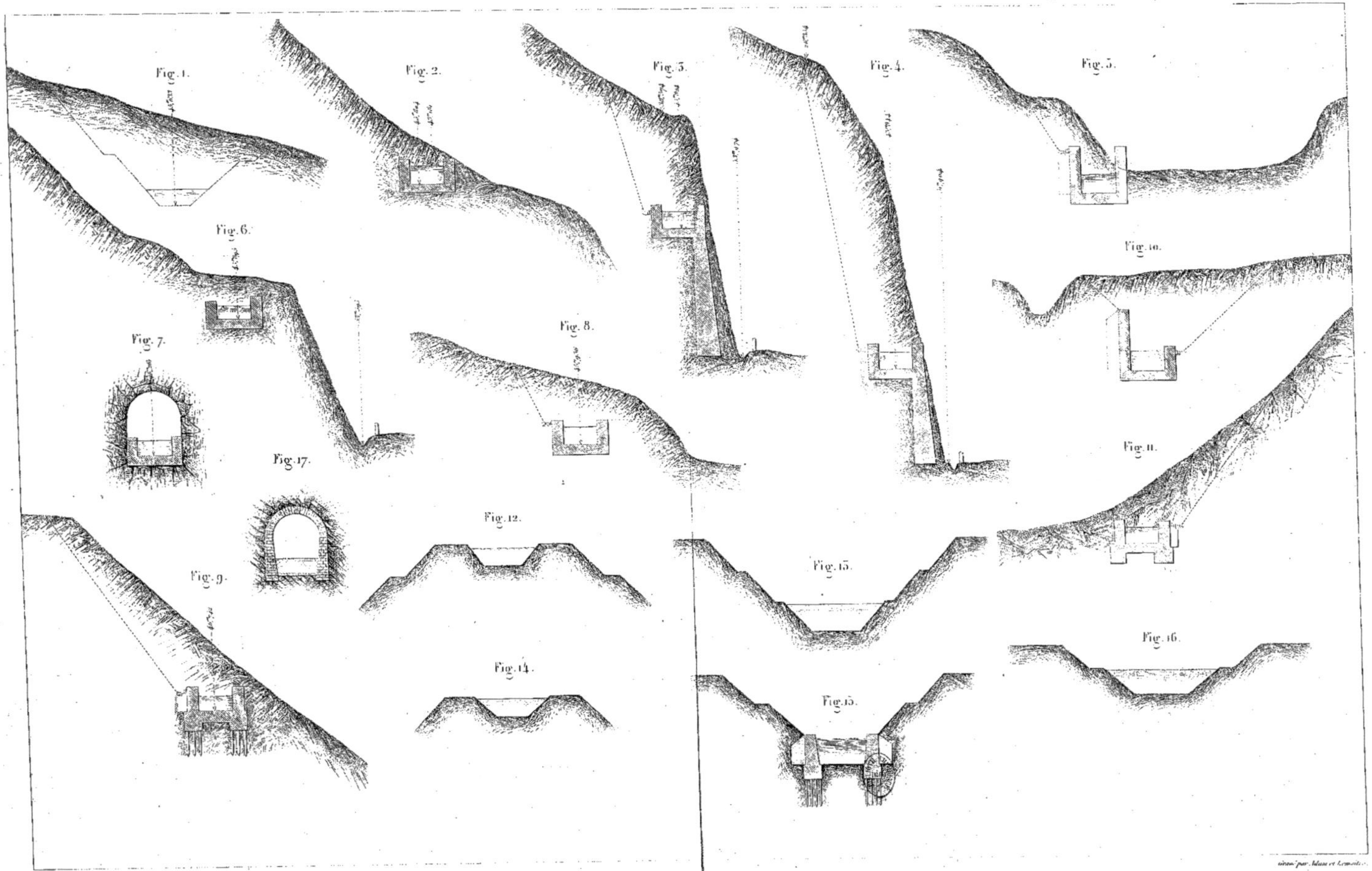

Fig. 1.
Fig. 2.
Fig. 3.
Fig. 4.
Fig. 5.
Fig. 6.
Fig. 7.
Fig. 8.
Fig. 9.
Fig. 10.
Fig. 11.
Fig. 12.
Fig. 13.
Fig. 14.
Fig. 15.
Fig. 16.
Fig. 17.

Nadault de Buffon

Gravé par Adam et Lemaître.

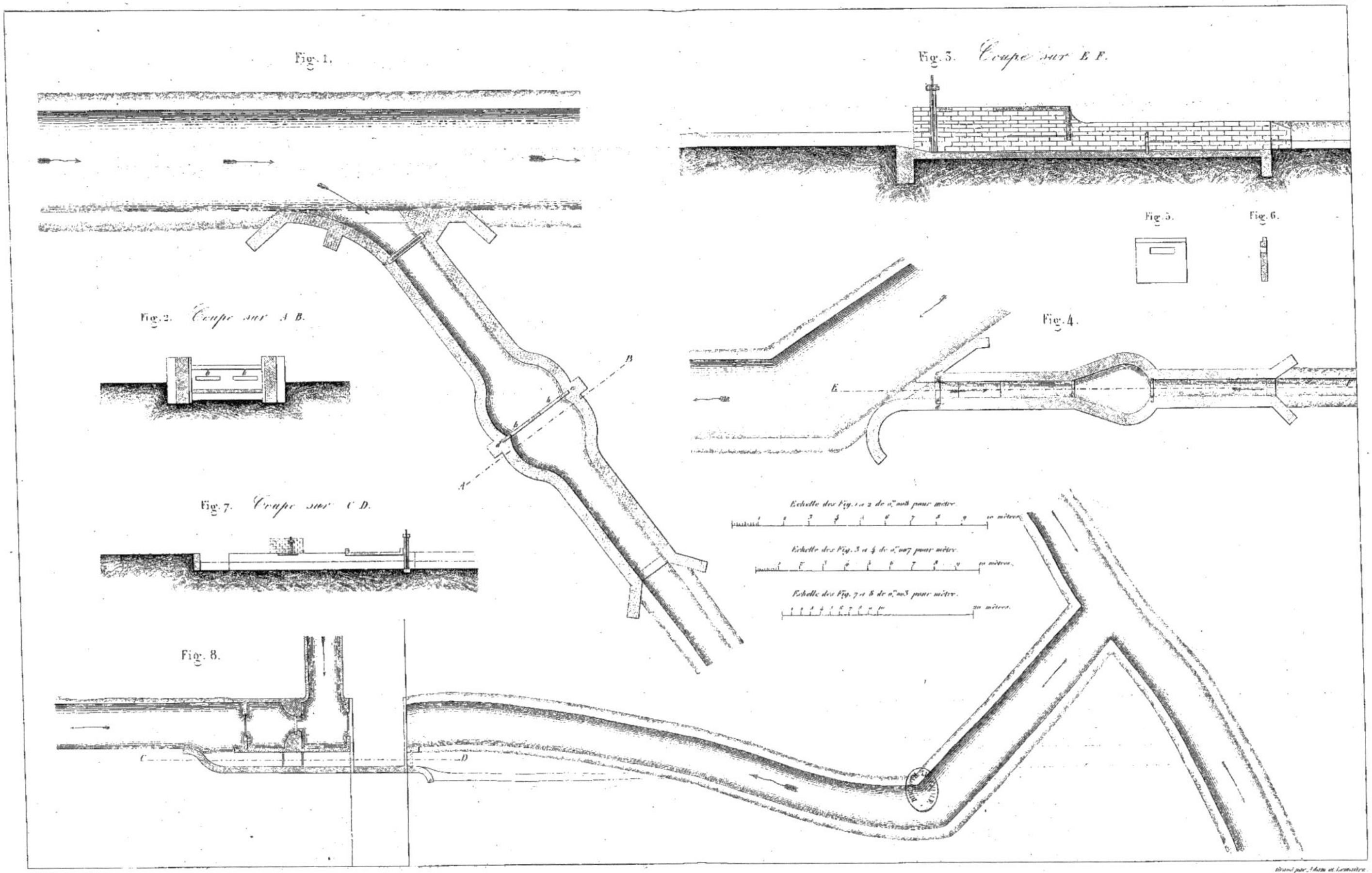
Fig. 1.
Fig. 2. Coupe sur A B.
Fig. 3. Coupe sur E F.
Fig. 4.
Fig. 5.
Fig. 6.
Fig. 7. Coupe sur C D.
Fig. 8.
A
B
C
D
E
Echelle des Fig. 1 et 2 de 0,m 008 pour mètre.
10 mètres
Echelle des Fig. 3 et 4 de 0,m 007 pour mètre.
10 mètres
Echelle des Fig. 7 et 8 de 0,m 003 pour mètre.
20 mètres

Nadault de Buffon

Gravé par Ahau et Lemaître

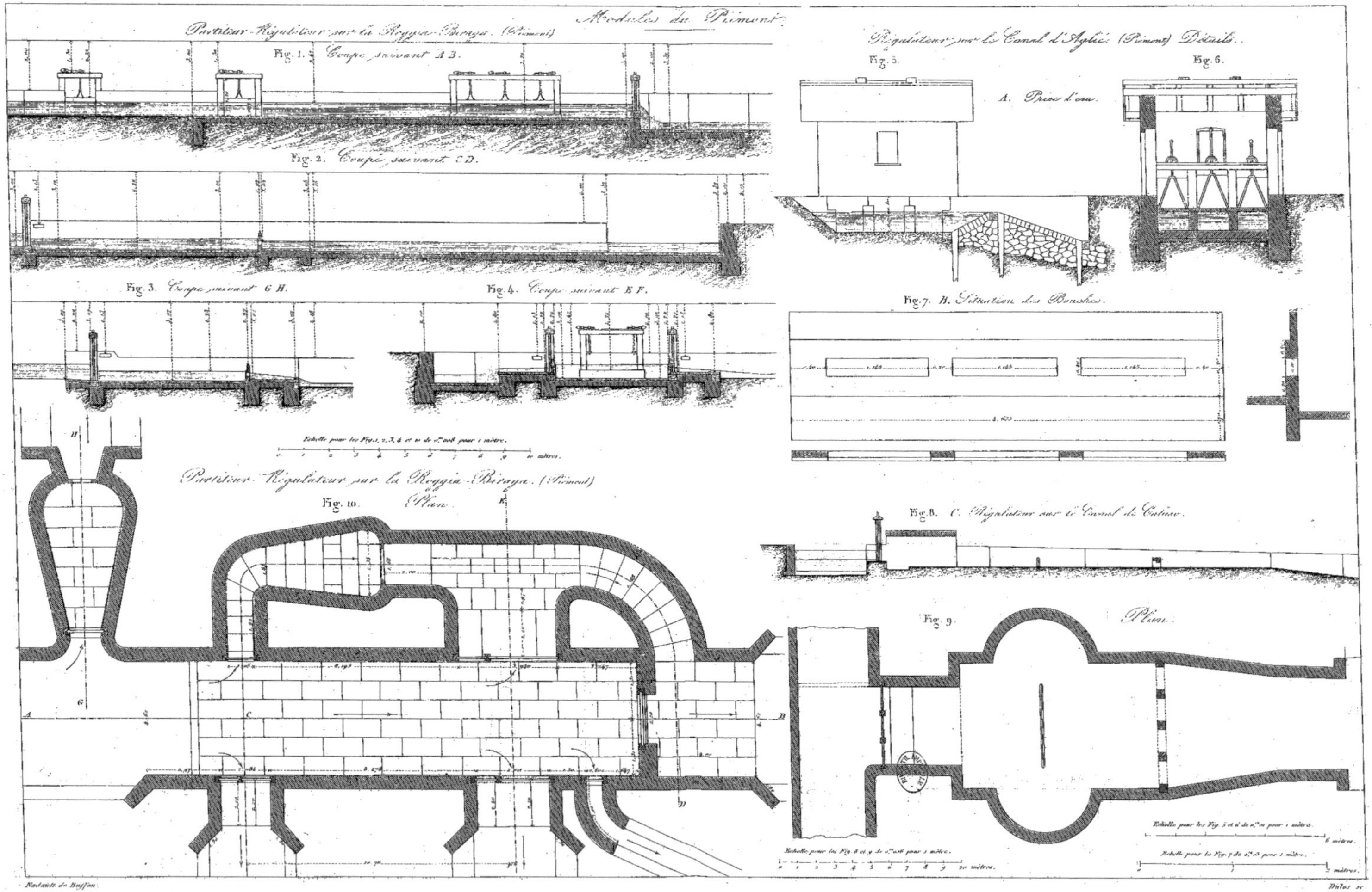

MODULES.

Modules du Piémont.

Partiteur-Régulateur sur la Reggia Biraga. (Piémont)

Fig. 1. Coupe suivant A B.

Fig. 2. Coupe suivant C D.

Fig. 3. Coupe suivant G H.

Fig. 4. Coupe suivant E F.

Régulateur sur le Canal d'Aglié (Piémont) Détails.

Fig. 5.

Fig. 6.

A. Prise d'eau.

Fig. 7. B. Situation des Bouches.

Fig. 8. C. Régulateur sur le Canal de Cabiao.

Fig. 9. Plan.

Partiteur-Régulateur sur la Reggia Biraga. (Piémont)

Fig. 10. Plan.

Echelle pour les Fig. 1, 2, 3, 4 et 10 de 0.008 pour 1 mètre.

Echelle pour les Fig. 8 et 9 de 0.011 pour 1 mètre.

Echelle pour les Fig. 5 et 6 de 0.02 pour 1 mètre.

Echelle pour la Fig. 7 de 0.03 pour 1 mètre.

Nadault de Buffon.

Dulos sc.

MODULES — DÉTAILS.

Pl. XV.

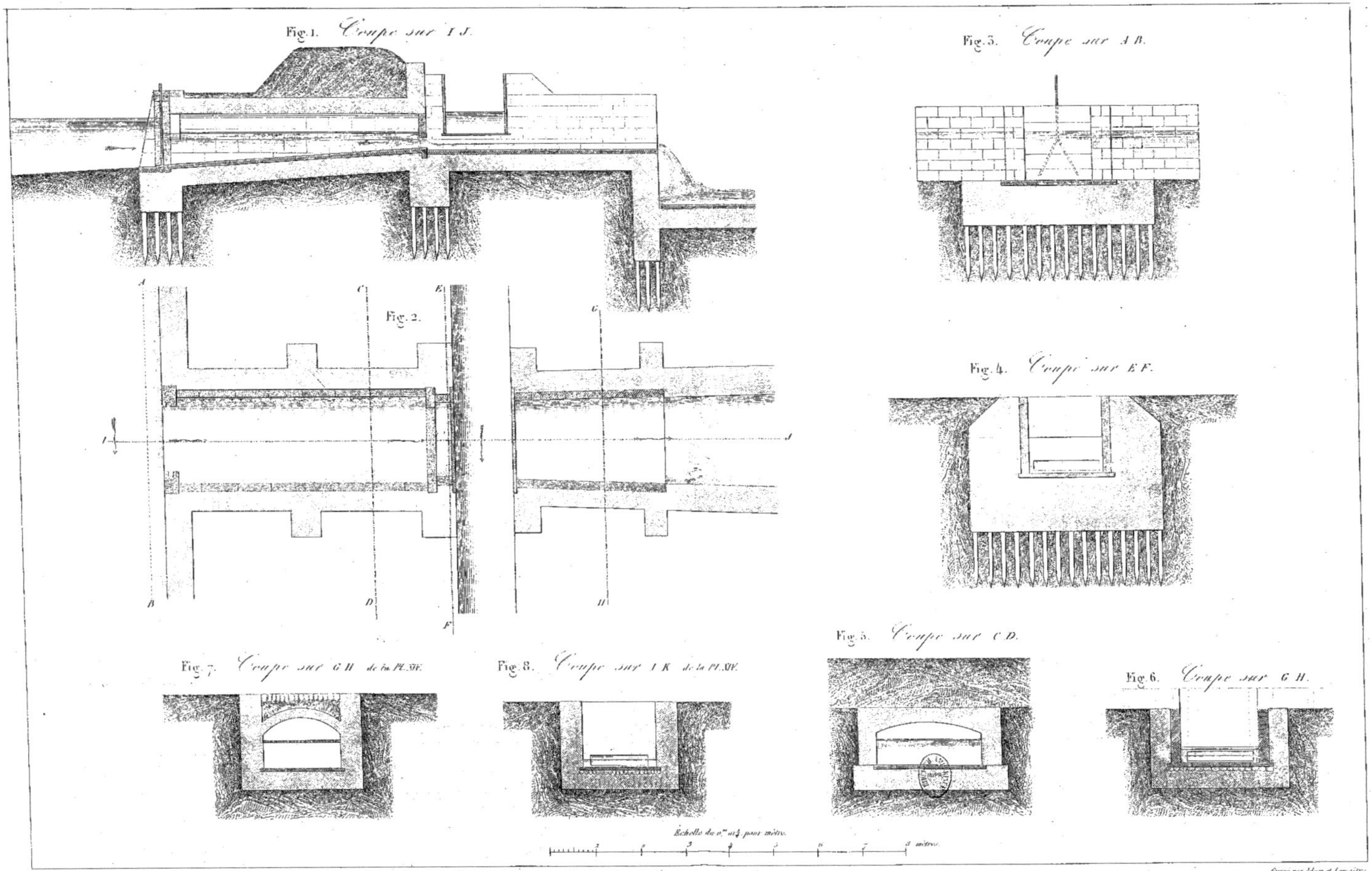

Fig. 1. Coupe sur I J.
Fig. 2.
A
B
C
D
E
F
G
H
I
J
Fig. 3. Coupe sur A B.
Fig. 4. Coupe sur E F.
Fig. 5. Coupe sur C D.
Fig. 6. Coupe sur G H.
Fig. 7. Coupe sur G H de la Pl. XIV.
Fig. 8. Coupe sur I K de la Pl. XIV.
Échelle de 0.m 01¼ pour mètre.
8 mètres.

Nadault de Buffon.

Gravé par Adam et Lemaître.

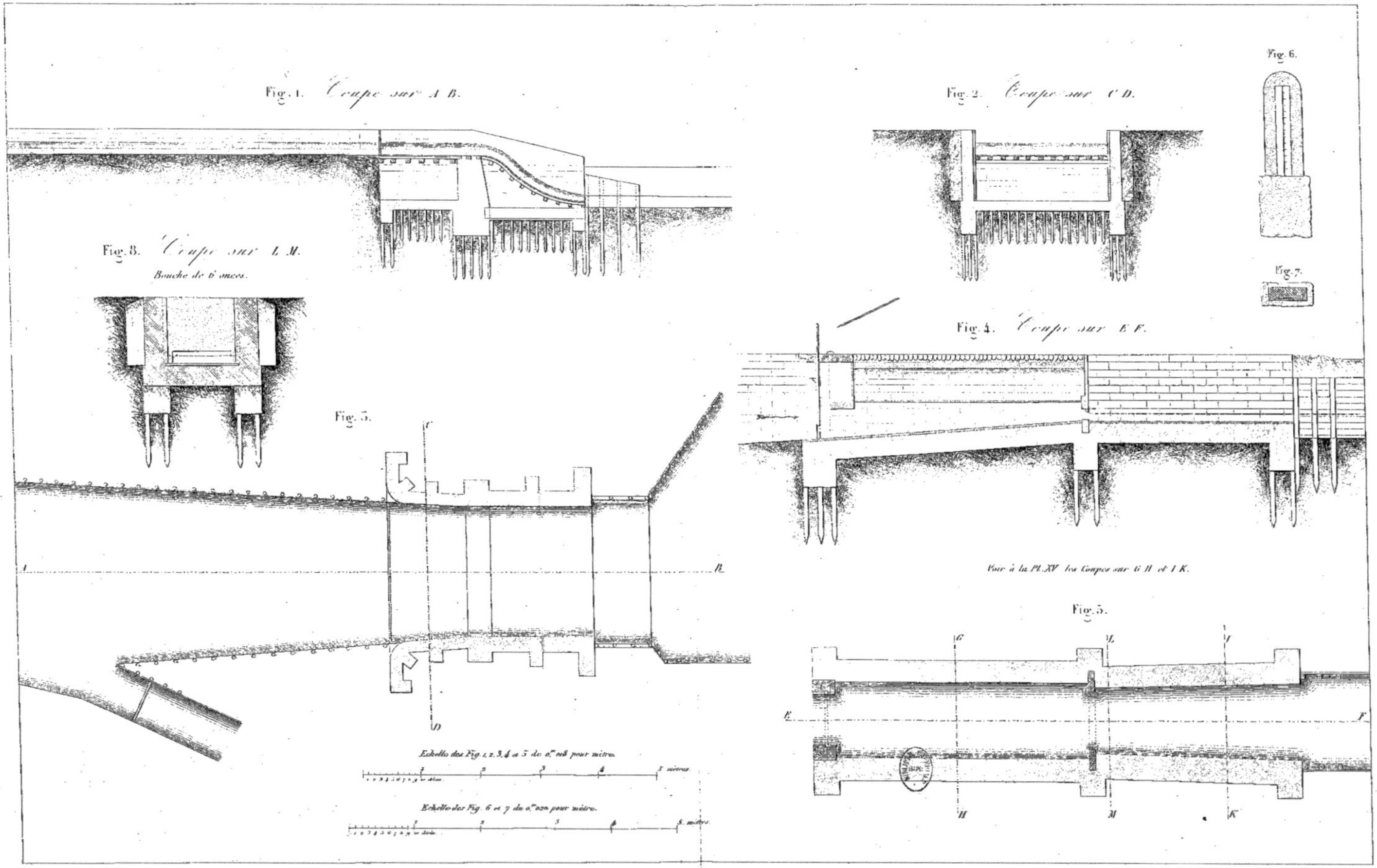

Fig. 1. Coupe sur A B.

Fig. 2. Coupe sur C D.

Fig. 6.

Fig. 7.

Fig. 3. Coupe sur L M.
Bouche de 6 onces.

Fig. 4. Coupe sur E F.

Fig. 5.

Voir à la Pl. XV les Coupes sur G H et I K.

Fig. 5.

Echelle des Fig. 1, 2, 3, 4 et 5 de 0,008 pour mètre.

Echelle des Fig. 6 et 7 de 0,020 pour mètre.

Fig. 1. *Coupe sur A.B.*

Fig. 2. *Coupe sur C.D.*

Fig. 4. *Coupe sur E.F.*

Fig. 5.

Fig. 6.

Fig. 3.

MODULES — OUVRAGES DIVERS.
PL. XVIII. 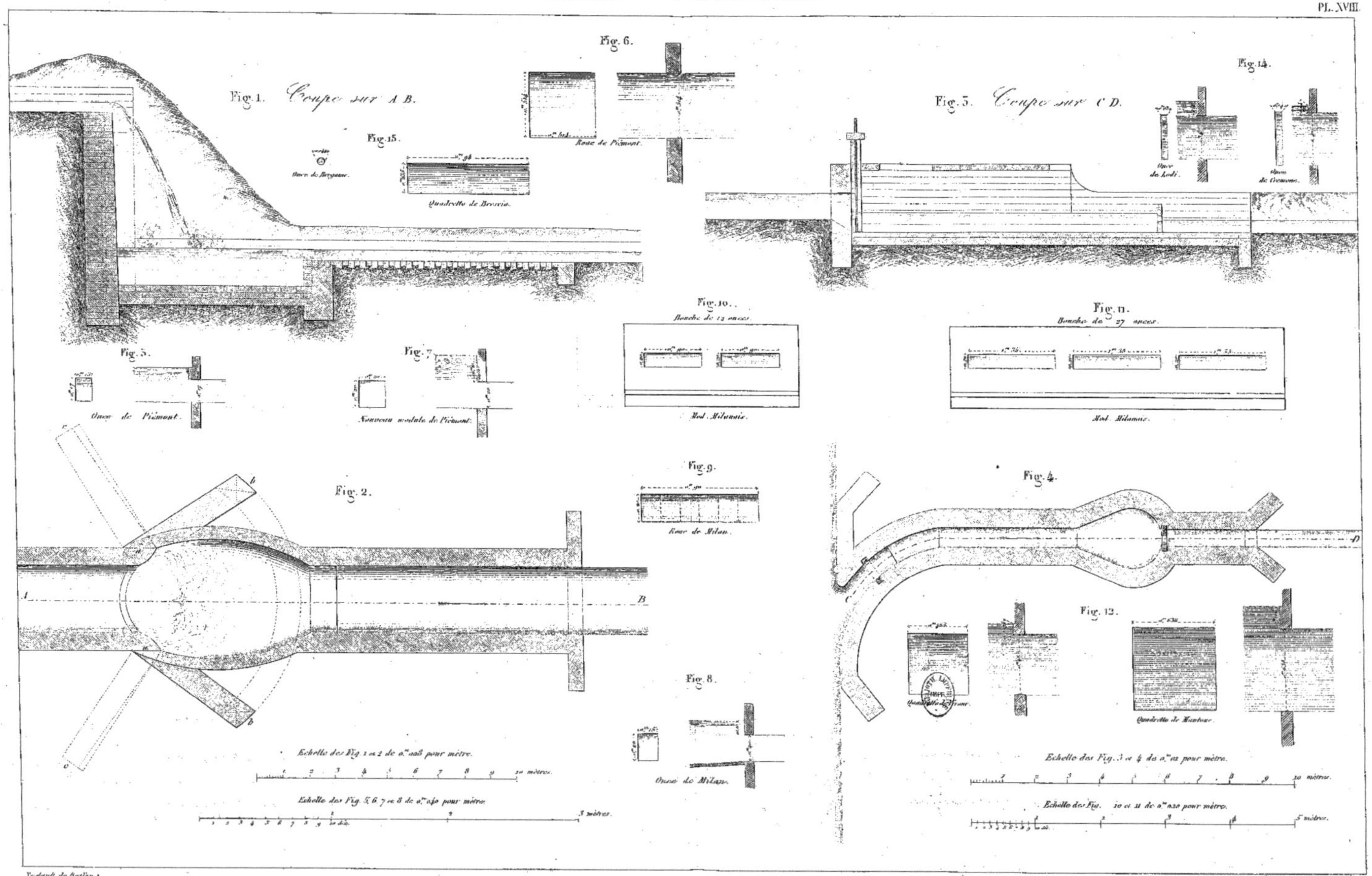
Fig. 1. Coupe sur A B.
Fig. 15.
Once de Bergame.
Quadrette de Brescia.
Fig. 6.
Route de Piémont.
Fig. 5.
Once de Piémont.
Fig. 7.
Nouveau module de Piémont.
Fig. 10.
Bouche de 12 onces.
Mod. Milanais.
Fig. 11.
Bouche de 27 onces.
Mod. Milanais.
Fig. 9.
Once de Milan.
Fig. 2.
Fig. 8.
Once de Milan.
Fig. 3. Coupe sur C D.
Fig. 14.
Once de Lodi.
Once de Crémone.
Fig. 4.
Fig. 12.
Quadrette de Mantoue.
Echelle des Fig. 1 et 2 de 0.m088 pour mètre.
Echelle des Fig. 5, 6, 7 et 8 de 0.m030 pour mètre.
Echelle des Fig. 3 et 4 de 0.m02 pour mètre.
Echelle des Fig. 10 et 11 de 0.m030 pour mètre.
Sudault de Buffon.
Gravé par Adam et Lemaistre.

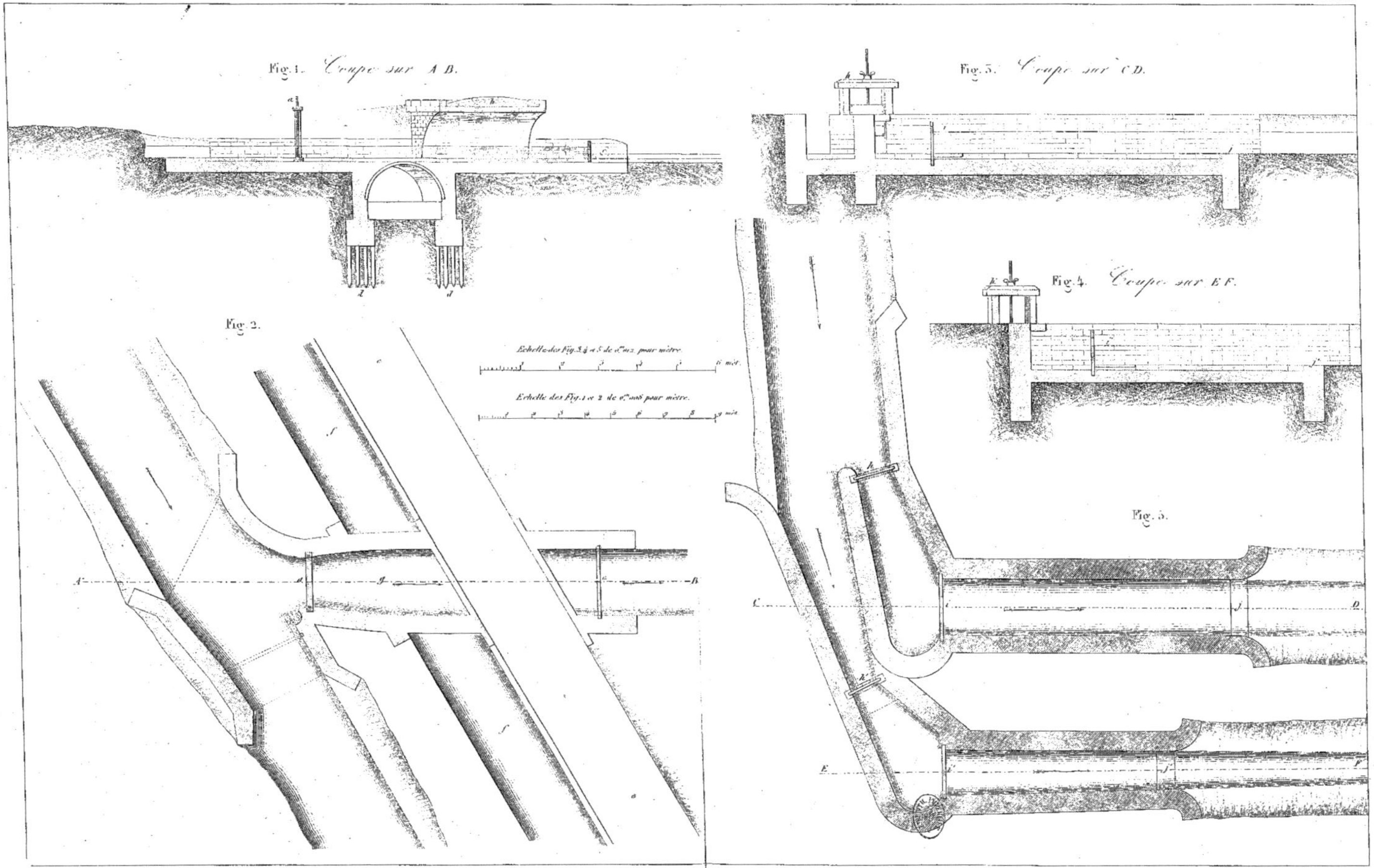

MODULES — OUVRAGES DIVERS.

PONTS-AQUEDUCS — OUVRAGES DIVERS.

Pl. XX.

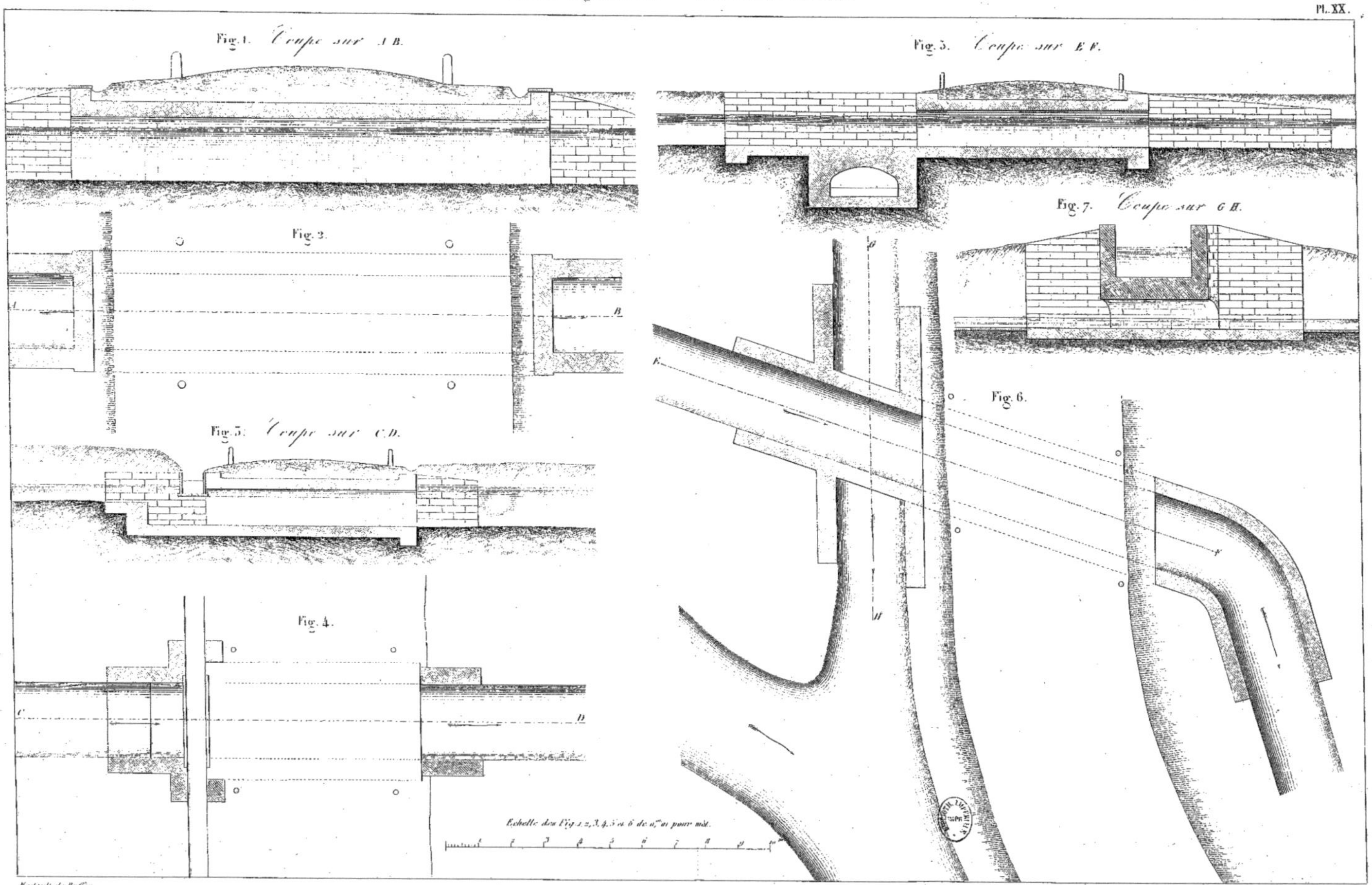
Fig. 1. Coupe sur A B.
Fig. 2.
A
B
Fig. 3. Coupe sur C D.
Fig. 4.
C
D
Fig. 5. Coupe sur E F.
Fig. 7. Coupe sur G H.
Fig. 6.
E
F
G
H
Echelle des Fig. 1, 2, 3, 4, 5 et 6 de 0,m 01 pour mèt.
1
2
3
4
5
6
7
8
9

Nadault de Buffon.

Gravé par Adam et Lemaitre.

N° 1.

Fig. 1. Coupe longitudinale.

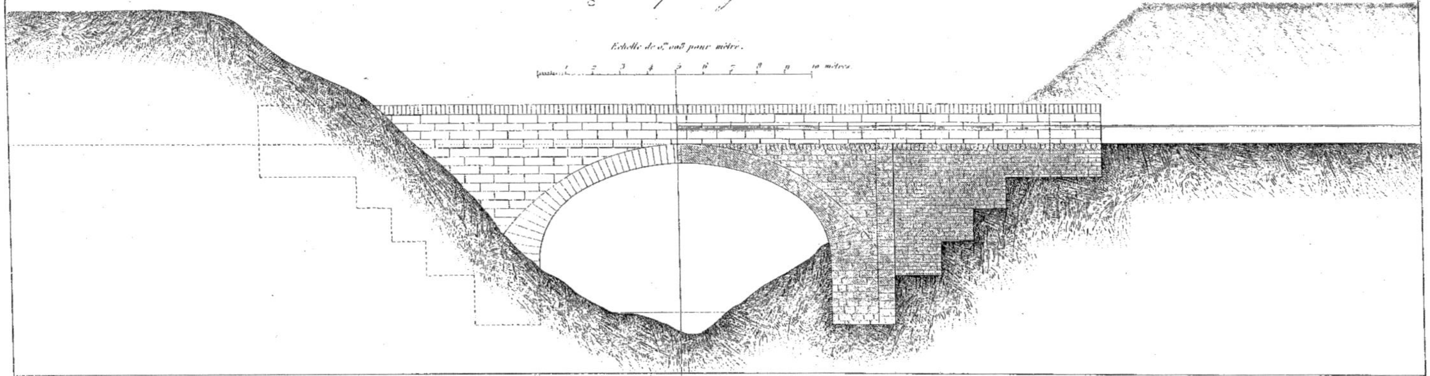

Echelle de 0,008 pour mètre.

N° 2.

Fig. 3.

Coupe transversale.

Détails de la prise d'eau du Canal de Pozzuolo.

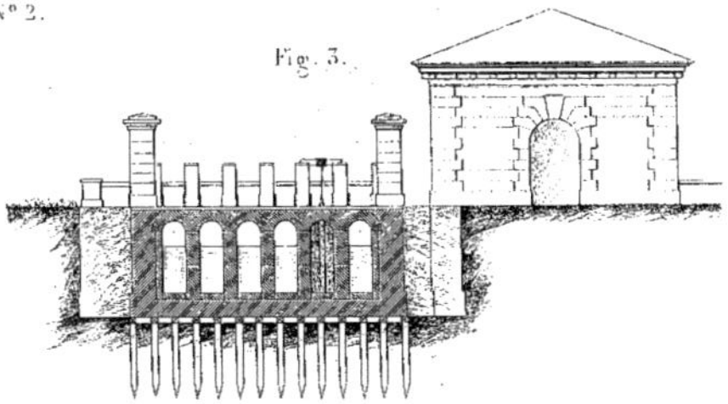

Fig. 4.

Coupe longitudinale par l'axe des courants.

Fig. 2.

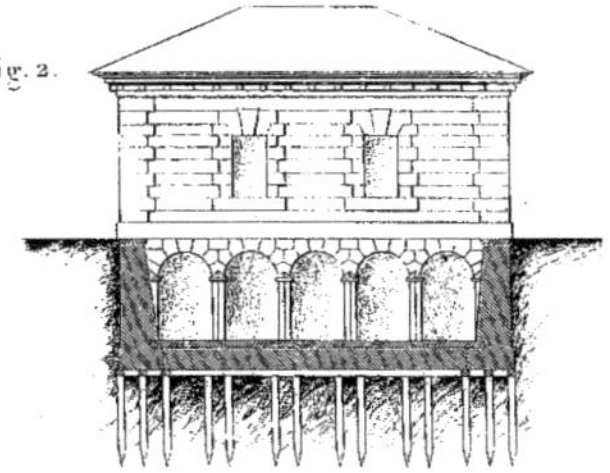

Élévation de l'édifice.

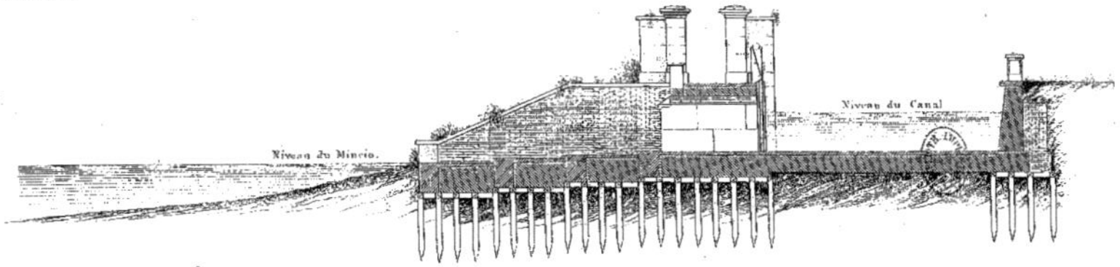

Niveau du Mincio.

Niveau du Canal.

Echelle de 0,005 pour mètre.

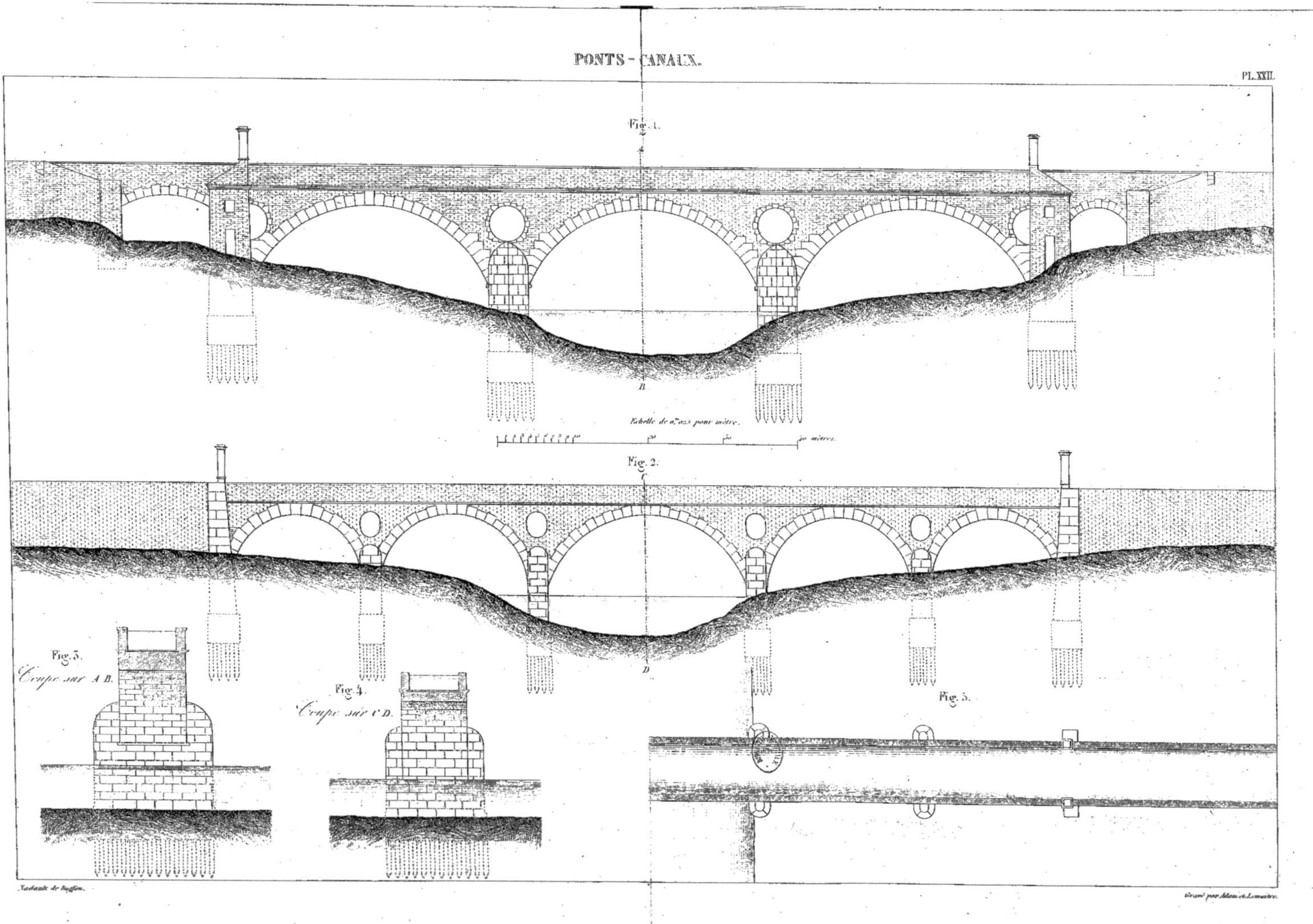

Nadault de Buffon.

Gravé par Adam et Lemaître.

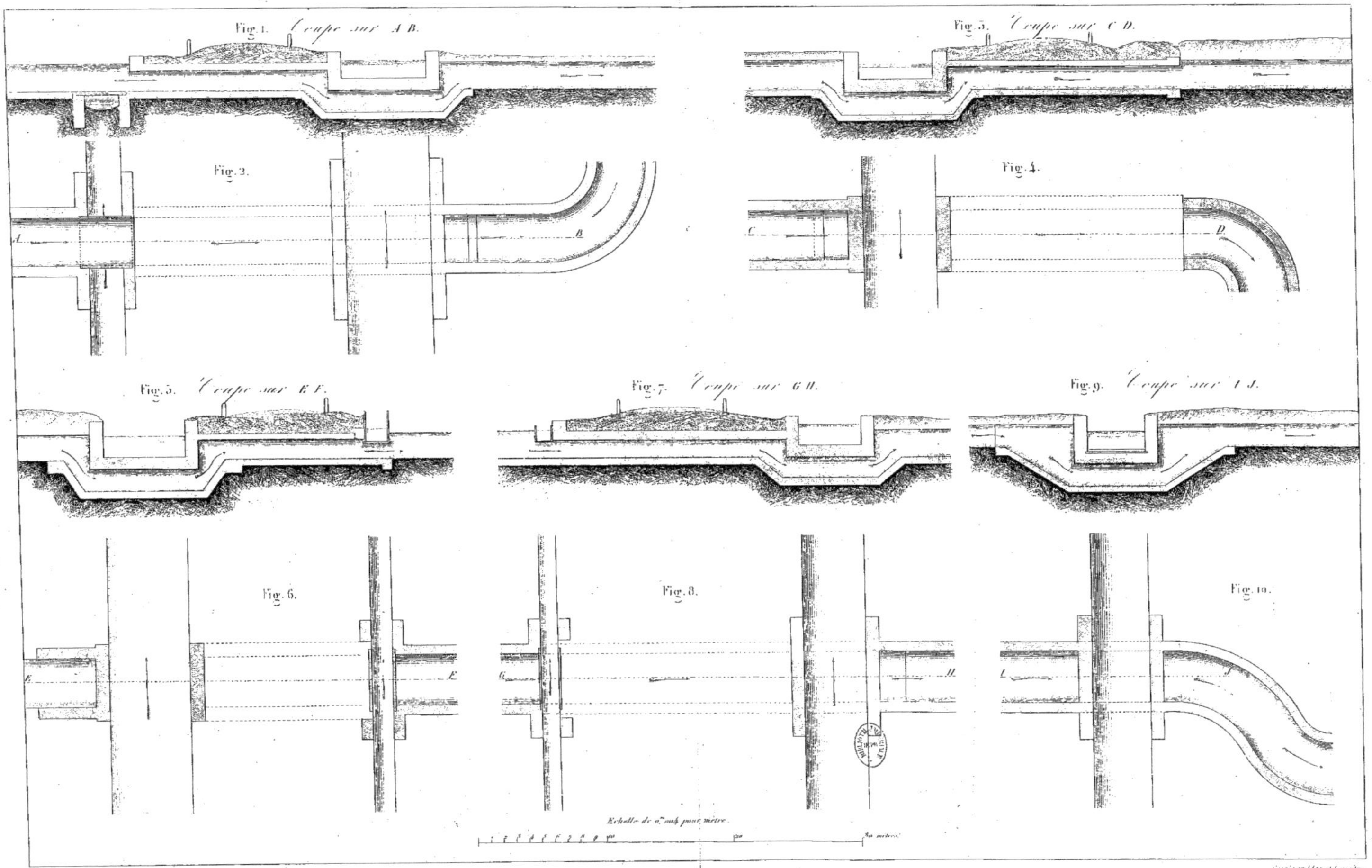

Fig. 1. *Coupe sur A B.*

Fig. 2.

Fig. 3. *Coupe sur C D.*

Fig. 4.

Fig. 5. *Coupe sur E F.*

Fig. 6.

Fig. 7. *Coupe sur G H.*

Fig. 8.

Fig. 9. *Coupe sur I J.*

Fig. 10.

Echelle de 0,045 par mètre.

Vadault de Buffon.

Dessiné par Adam et Lemaître.

AQUEDUCS — SIPHONS — OUVRAGES DIVERS.
Pl. XXIV.
Fig. 1.
Fig. 2.
Fig. 3.
Fig. 4.
Fig. 5.
Fig. 6.
Fig. 7.
Fig. 8.
Echelle des Fig. 1, 2, 3, 7 et 8 de 2 m,05 pour mètre.
Echelle des Fig. 3, 4 et 6 de 0m,05 pour mèt.
Nadault de Buffon.
Gravé par Adam et Lemaitre.

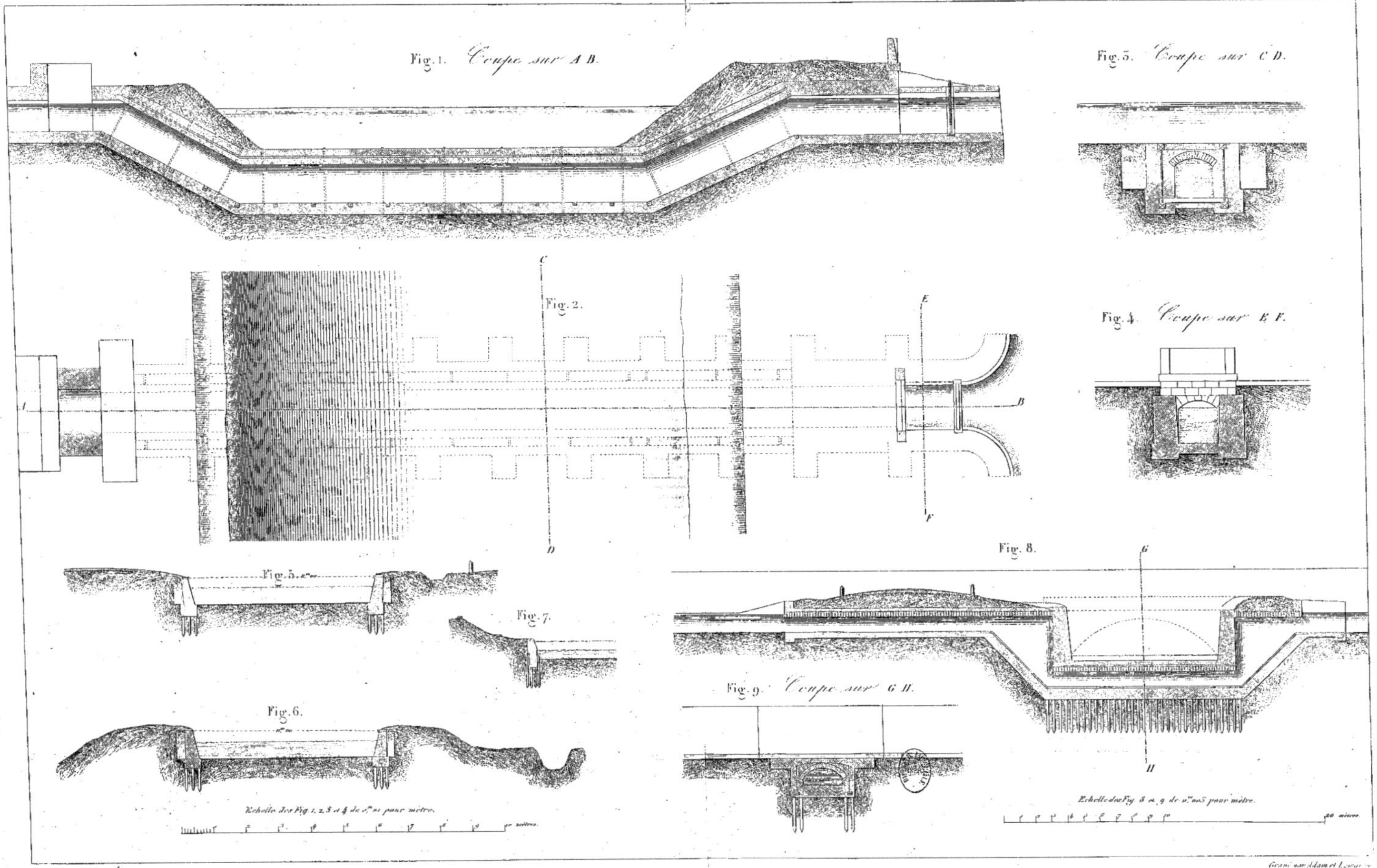

Fig. 1. Coupe sur A B.

Fig. 3. Coupe sur C D.

Fig. 2.

Fig. 4. Coupe sur E F.

Fig. 5.

Fig. 7.

Fig. 6.

Fig. 8.

Fig. 9. Coupe sur G H.

Echelle des Fig. 1, 2, 3 et 4 de 0,01 pour mètre.

Echelle des Fig. 8 et 9 de 0,005 pour mètre.

Vauthier de Buffon.

Gravé par Adam et Lemaire.

SIPHONS — ÉCLUSES.

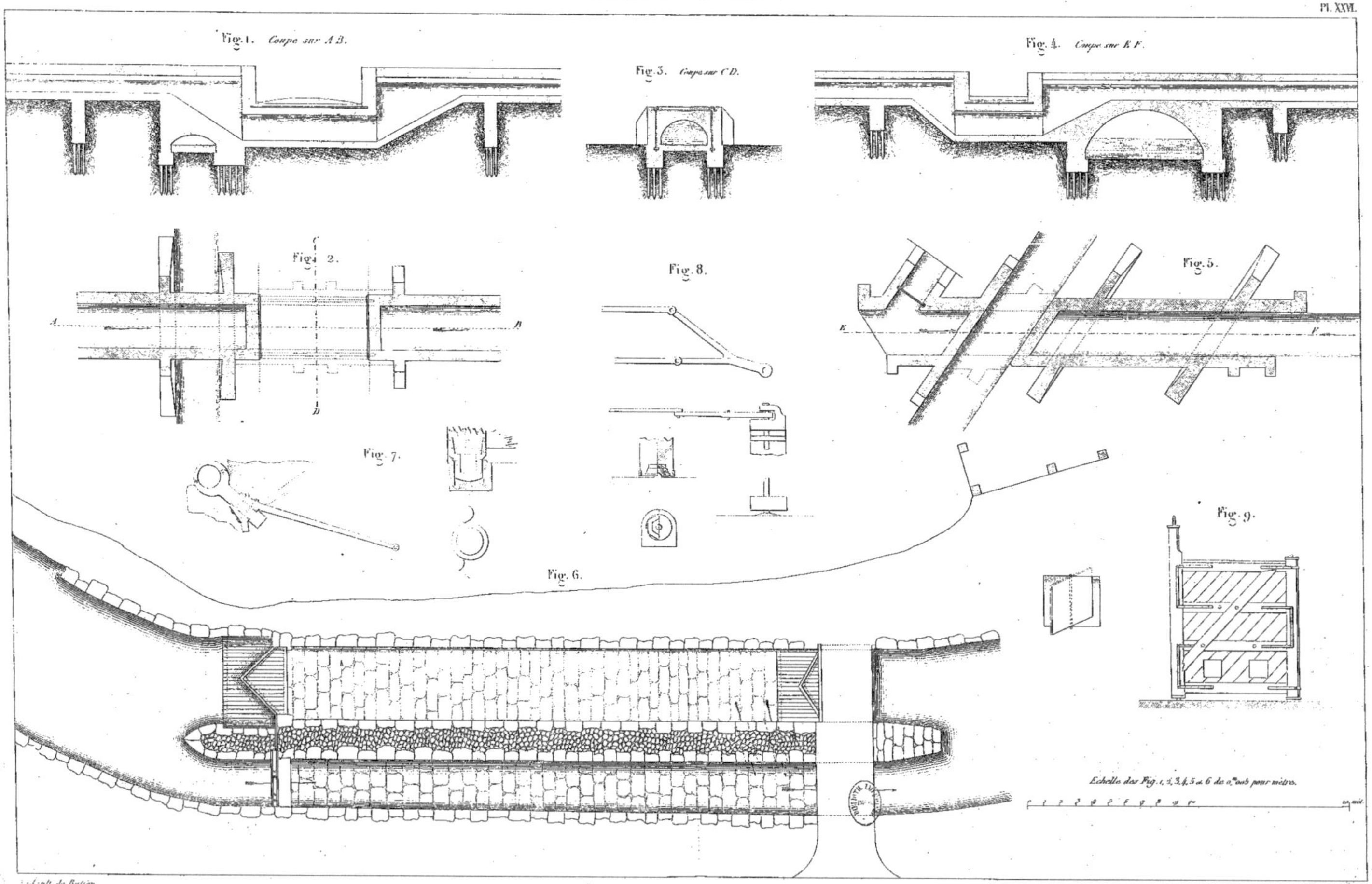
Fig. 1. Coupe sur A B.
Fig. 3. Coupe sur C D.
Fig. 4. Coupe sur E F.
Fig. 2.
A
B
C
D
Fig. 8.
Fig. 5.
E
F
Fig. 7.
Fig. 6.
Fig. 9.
Echelle des Fig. 1, 2, 3, 4, 5 et 6 de 0m,005 pour mètre.

de Buffon

Gravé par Adam et Lemaitre.

ÉCLUSE A DOUBLE PASSAGE — DÉTAILS.

PL. XXVII.

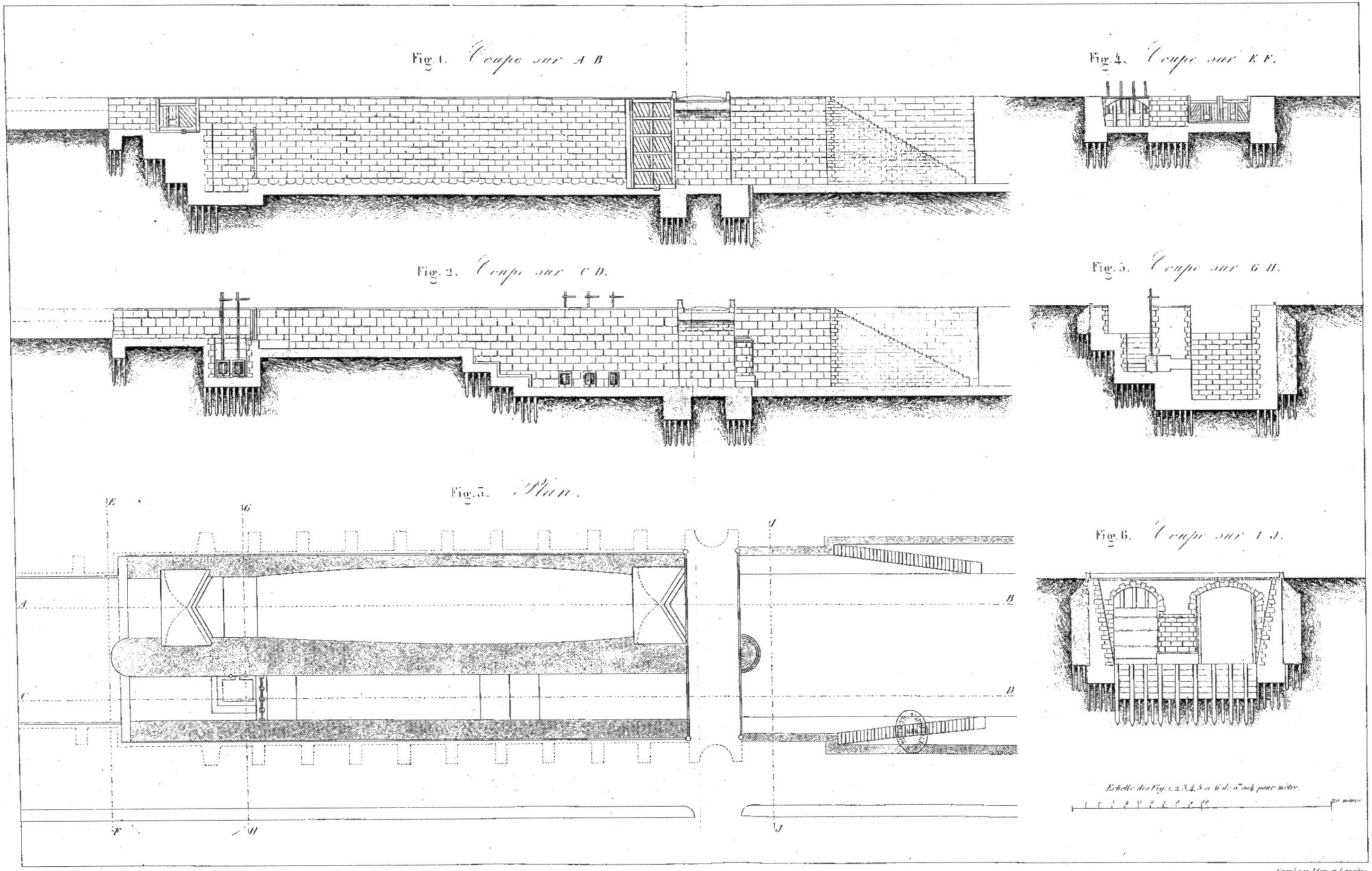

Fig. 1. Coupe sur A B
Fig. 2. Coupe sur C D.
Fig. 3. Plan.
Fig. 4. Coupe sur E F.
Fig. 5. Coupe sur G H.
Fig. 6. Coupe sur I J.
A
B
C
D
E
F
G
H
I
J
Echelle des Fig. 1, 2, 3, 4, 5 et 6 de 0m,004 pour mètre.
10
20 mètres

Rudaule de Buffon

Gravé par Adam et Lemaître.

BATARDEAU DE CHOMAGE — EAUX DE SOURCES.

PL. XXVIII.

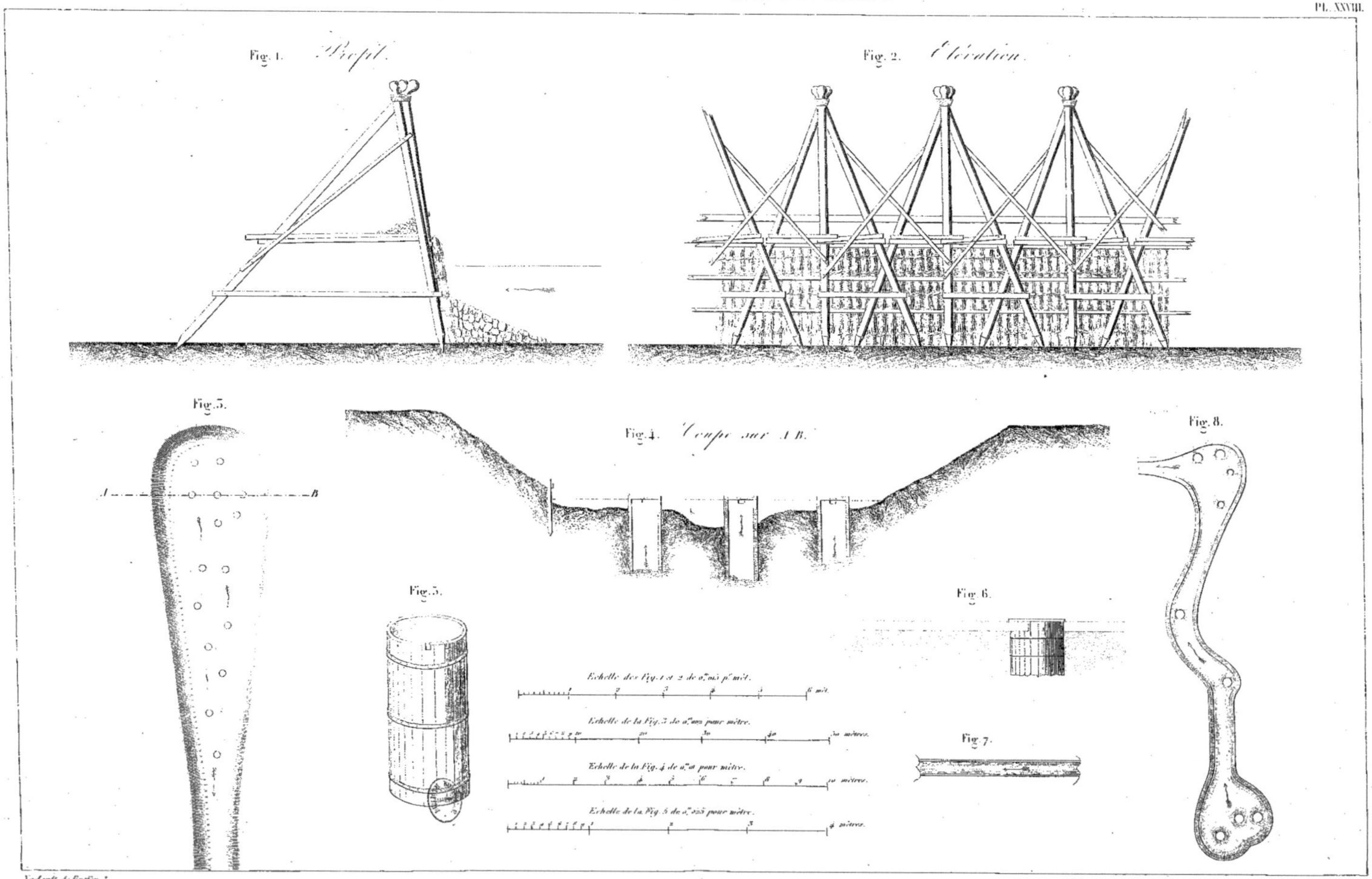

Fig. 1. Profil.
Fig. 2. Élévation.
Fig. 3.
A
B
Fig. 4. Coupe sur A B.
Fig. 5.
Fig. 6.
Fig. 7.
Fig. 8.
Echelle des Fig. 1 et 2 de 0.m015 p.r mèt.
6 mèt.
Echelle de la Fig. 3 de 0.m002 pour mètre.
50 mètres.
Echelle de la Fig. 4 de 0.m01 pour mètre.
10 mètres.
Echelle de la Fig. 5 de 0.m025 pour mètre.
4 mètres.

Nadault de Buffon

Gravé par Adam et Lemaitre.

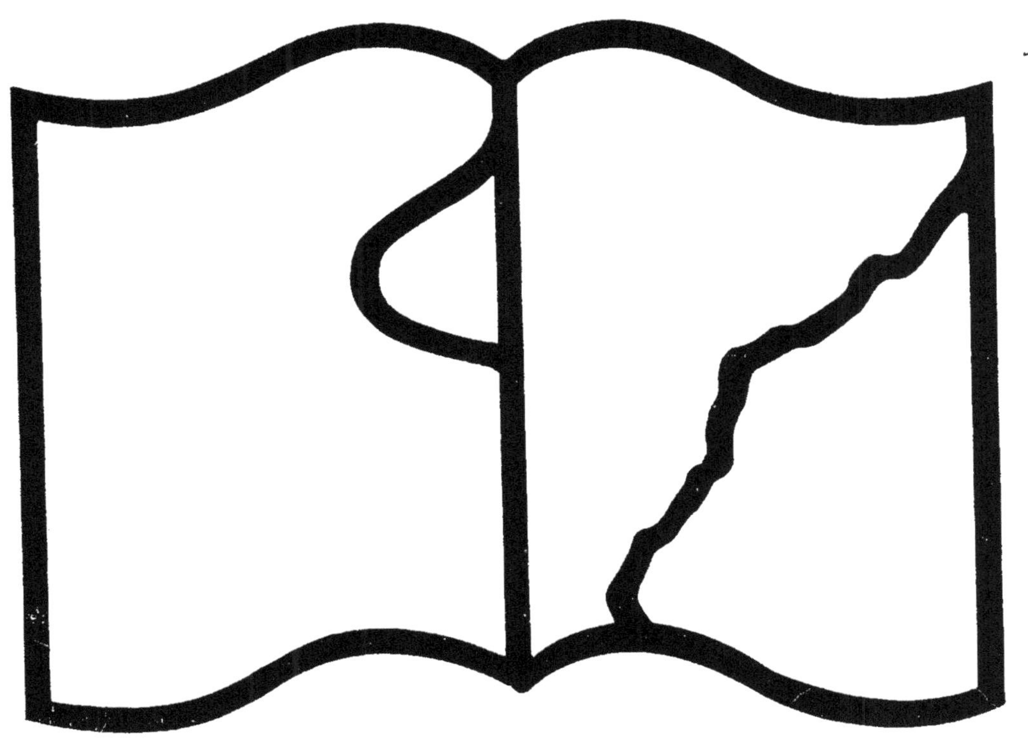

Texte détérioré — reliure défectueuse

NF Z 43-120-11

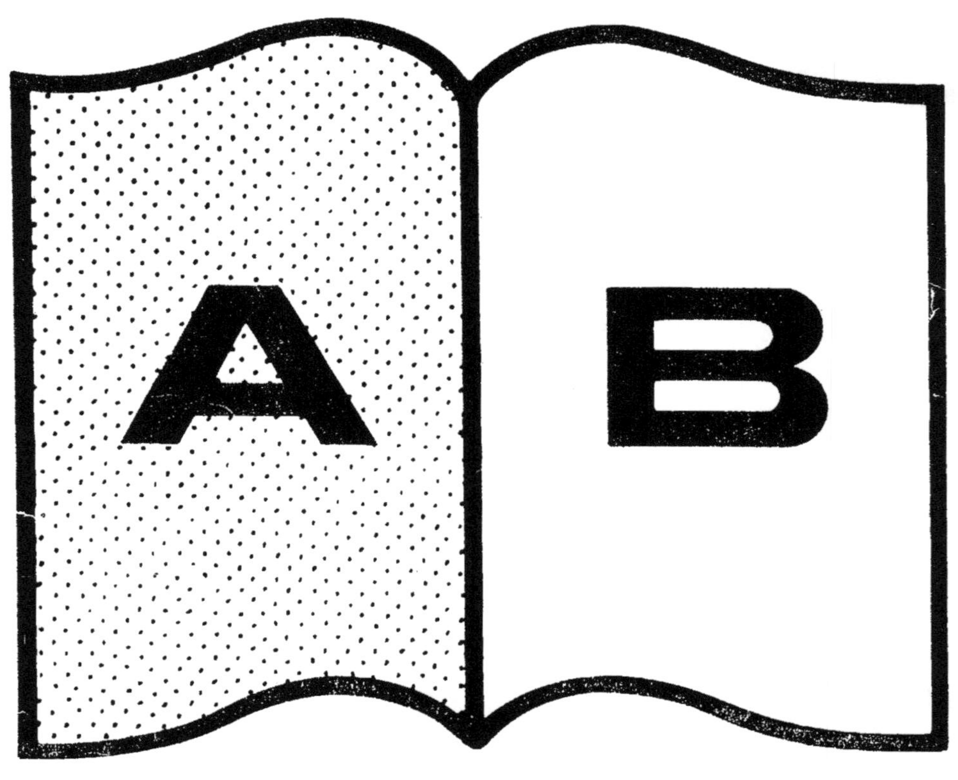

Contraste insuffisant

NF Z 43-120-14